U0198790

造宅记

颜值和实用性并存的家

北欧风和日式养成记

◉

蕗柯 编著

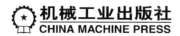

机械工业出版社
CHINA MACHINE PRESS

北欧风和日式已经成为时下最受年轻人喜爱的家装风格。本书精选15个家装案例，针对7大生活空间，汇集127个设计灵感，详细讲解北欧风和日式的风格特点，以及如何打造北欧风的清新自然和日式的禅意。两种风格都比较注重材质的原始感，依其风格特点打造出的家居空间格局实用性非常强，收纳、布局、舒适度等都恰到好处，内在美和外在美兼具，颜值和实用性并存。本书适合广大家装业主、室内设计师和室内设计爱好者，在充满个性的家居设计中，找到你的理想家。

图书在版编目（CIP）数据

颜值和实用性并存的家：北欧风和日式养成记 / 蒋柯编著.
—北京：机械工业出版社，2019.9
（造宅记）
ISBN 978-7-111-63246-7

Ⅰ.①颜… Ⅱ.①蒋… Ⅲ.①室内装饰设计 Ⅳ.①TU238.2

中国版本图书馆CIP数据核字（2019）第145513号

机械工业出版社（北京市百万庄大街22号　邮政编码100037）
策划编辑：时　颂　责任编辑：时　颂　刘志刚
责任校对：炊小云　封面设计：鞠　杨
责任印制：孙　炜
北京联兴盛业印刷股份有限公司印刷

2019年8月第1版第1次印刷
184mm×260mm·10印张·2插页·164千字
标准书号：ISBN 978-7-111-63246-7
定价：59.00元

电话服务　　　　　　　　　网络服务
客服电话：010-88361066　机 工 官 网：www.cmpbook.com
　　　　　010-88379833　机 工 官 博：weibo.com/cmp1952
　　　　　010-68326294　金 书 网：www.golden-book.com
封底无防伪标均为盗版　　　机工教育服务网：www.cmpedu.com

前　言

　　如果你将要拥有一个完完全全属于自己的家，你会把它设计成什么风格呢？很多年前和朋友聊到这个话题的时候，她非常认真地和我说："北欧风或者日式吧，简洁温暖，我脑子里已经有窝在沙发里睡午觉的画面了。"

　　如今的装修逐渐摆脱了千篇一律的模式，人们开始按照自己的心意和喜好去设计，同时，"简单、朴实、自由、实用"成为家居设计的主调。北欧风和日式的简约大方和超高性价比让其非常受年轻人喜爱，它的神奇之处是让你身处一个现代感十足的家中也能感受自然之美。本书将北欧风和日式合并在一起，是因为它们之间有相同的特质，自然，简洁，颜值高，实用性更强，而且北欧风和日式的收纳能力都是绝对的实力派，内在美和外在美兼具，颜值和实用性并存。本书选取 15 个家装案例，针对 7 大生活空间，汇集 127 个设计灵感，将北欧风与日式进行到底。

　　人人都想拥有更加舒适的居住环境，都对家寄予厚望，也希望设计师能像变魔术一样把自己的家变成第一眼就让人感到惊艳的完美居住空间。"造宅记"系列丛书就是为了满足人们对于空间改造、软装搭配、家居美学的个性化追求，重点讲解家居空间设计、细部设计、装饰亮点，有平面图、轴测图、实景照片等帮助读者认识房间的结构，同时融入了业主的故事、设计理念、生活态度，是一套打造完美家居空间的设计指南。丛书共分四册，分别是《造宅记——建筑师的理想家》《小户型的秘密——30~90m^{2}的理想家》《颜值和实用性并存的家——北欧风和日式养成记》《房子变美的技巧——走进 15 个让你怦然心动的家》。

　　我们与家的关系应该是：它包裹着我，而我守护着它。

编者

CONTENTS

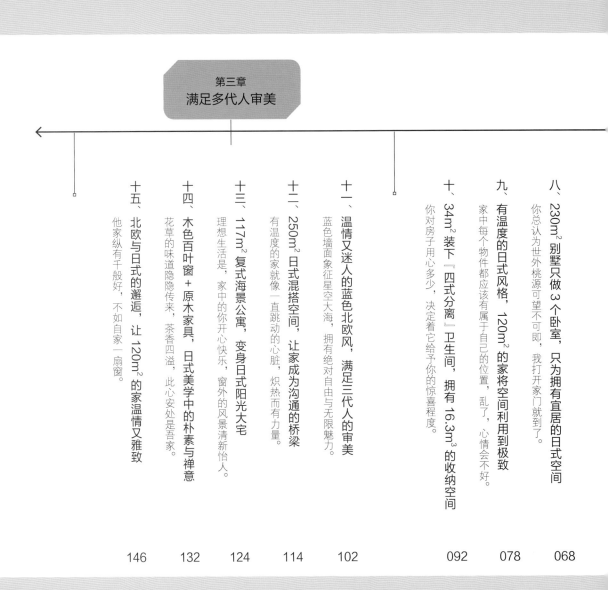

第三章
满足多代人审美

目　录

PART *1*

第一章

风格的魅力

一、异户型的清
新北欧风，客、
餐厅拥有 360°
无死角的美

用心打造的家，
每个细节都不会让人失望。

面积：120m²

户型：3室2厅2卫

风格：北欧风

设计：清羽设计

设计说明：

为了给女儿一个好的上学环境，这家人不惜放弃之前现代化的社区，买了一套老小区的二手房进行改造，父母之爱子，则为之计深远，无论在什么环境，他们都要保证一家人的生活品质，还要给孩子一个良好的成长空间。这是一套有些异形的房子，但是"变形的客厅"却并没有成为家中的缺陷，在白色调为主的北欧风设计中，简约的造型、清新自然的马卡龙软装搭配、精美的石膏花线装饰等，都让这个家温馨又舒适，用心打造的家每个细节都不会让人失望。

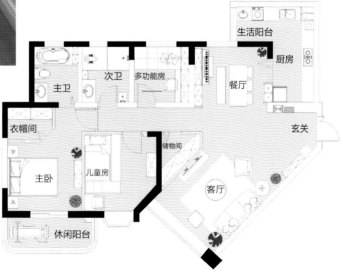

平面设计图

①

玄关

大于 90° 的玄关设计

入门后左手边的空间角度大于 90°，根据空间特点，放置了一个白色通顶的玄关柜，不显突兀又拥有了很大的储物空间，连接柜子的坐凳可以方便进出换鞋。

②

拯救异形客厅

客厅本来是这个家中凸出来的一个角，但由于外角是完美的 90°，加上沙发对面的异形部分打造假体隔墙做成了一个三角形的储物间，让客厅变得方正起来。

沙发背景墙做了半墙文化石铺贴，隔板上可以放置挂画和饰品，这样墙面可以保持完整不用敲钉子，也方便挂画的更换。深咖啡色的真皮沙发增加了浅色空间的厚重感，又不显沉闷，双层咖啡桌实用又稳固，顶棚用了精美的石膏花线做装饰，搭配艺术感很强的吊灯，让客厅干净通透又不失精致。

③

马卡龙色软装搭配

马卡龙色系软装配色给这个
空间增添了很多色彩。粉红
色的椅子清新可爱，绿叶榕
盆栽恰到好处，沙发两侧的
边几实用轻巧，渐变色靠枕
和金色底座花瓶里放置的干
棉花带来一股大自然的气息，
原始又质朴。

客厅

用心打造的家每个细节都不会让
人失望。隔板上的插画是精心挑
选的，非常符合北欧风家居搭配。
小小的金色壁灯看起来不显眼，
在夜晚的时候却十分有用，可以
当作夜灯使用。

餐厅

餐厅位置在客厅偏右侧，与客厅形成了一个角度，恰到好处。餐厅延续了客厅安静的风格，素色空间加入了木质元素，更有自然气息。

④

两面墙的餐厅收纳柜

餐桌两侧都有整体的收纳柜，多样化的储物空间可以满足多种需求，封闭式储物柜留出来的空白空间会放置宝宝的钢琴，开放式的格子柜会放置一家人的收藏品，比如一起旅行带回来的纪念品、一起做的手工、一家人的照片等。

餐桌的两侧一面用了长凳一面用了椅子，这样可以满足亲朋好友聚会多人用餐，夜晚的餐厅在暖光的映照下格外温馨。

精致的套装餐具和装饰品拥有 360° 无死角的美，在这种氛围下用餐会让食物更加美味。

厨房

5

○ 小花砖混拼

厨房整体清新活泼，墙面用了工字拼的白色墙砖，地面则使用了小花砖进行混拼，形成了鲜明的繁简对比，非常生动。L 形的厨房尽头是一个生活阳台，兼具了洗衣房的功能。

主卧

主卧清新淡雅，轻透的白纱帘让光束更加柔和，灰蓝色调的床品舒适不俗，进口实木床环保耐用，和两个实木床头柜相得益彰，床两侧的壁灯和吊灯有一种不对称的美，雪松木的蜡烛和天鹅绒相框都凸显了生活的品质感，床尾的斗柜可以增加卧室储物空间。

6

异形衣帽间

衣帽间在卧室门的对面，为了避免与卫生间离得太近容易"串味"，在衣帽间长方形的空间切了一个角做了折叠门，让卧室门、主卫门和衣帽间的门虽然相邻又彼此互不干扰。

书房

榻榻米 + 书桌的形式让书房同时形成一个多功能房，在满足收纳的同时更能合理利用空间。日常这个空间可以满足学习、工作、看书的需求，家中有亲戚或者客人留宿这里就会变身成为客房。整个房间依旧是简洁干净的装修，这样在搭配或者更换软装的时候会比较轻松，不用刻意就会有特别好的效果。

主卫

这是主卧里的卫生间，洗澡方式主要以沐浴为主，劳累一天回来后在浴缸里泡澡会特别解压。

7 **工字拼墙砖**

主卫的墙面包括浴缸都用整体白色工字拼墙砖装饰，点缀一些金属色，显得个性又高级。

儿童房除了一张子母床、衣柜与书桌椅，其他地方几乎都空着，这样的布置轻松灵动，可以满足孩子成长中风格、软装变换的需求。

儿童房

次卫

8 **增加淋浴方式**

次卫是一家人一起使用的，洗澡采用淋浴的方式。为节省空间，设置了蹲便器。

二、108m² 的清爽北欧风，留白的美好时光

家中的每一个角落的用心布置，都是对家人深深的爱。

面积：108m^2
户型：3室2厅2卫
风格：现代北欧风
设计：清羽设计

设计说明：

为了女儿能住得更加舒适，父母将老房子翻新打造成纯净的北欧风，清爽明亮，住在这样的家中大概每天都会心神明朗。在有限的预算里，刻意在设计上减少了很多造型，没有多余装饰，墙面几乎都是留白处理，更多的设计都投入到居住体验的部分，这反而成就了一个干净大气的家，在这里会有更多美好的时光在等待，我们对家人的每一份爱，都会体现在家中的每个角落。

平面设计图

简单的设计，通体大气的白色墙面，灰色的布艺沙发在其中丝毫不显暗淡，客厅中仿佛有一股自然的风在流淌，分布在各处的绿植生机勃勃，实木的茶几更加贴近自然，造型别致的分子灯，顶棚上的石膏花盘，黑白抽象挂画等让整个空间更加艺术，不同灰度的搭配增强了空间层次感。

客厅

从入门的玄关角度看客厅，外面郁郁葱葱的风景让这个家仿佛置身山野，浅色的木地板搭配柔软的地毯非常舒适，掏空的玄关柜在视觉上更加通透，桌面上也可以放置钥匙等物品，这种"隔而不断"的设计提高了居住体验。

9

10

能置物的装饰品

圆形木色吊挂式置物架搭配大叶榕，由黑色背景衬托融合，让这个角落更加艺术。

用心搭配的角落

金属材质的花器让植物更加精致，纤细的高脚支架简约通透，搭配墙上的壁灯和挂画构成了客厅别致的一角。

1m² 读书角

沙发对面还有一个小小的读书角，未来架子上会放置很多书籍，下方的柜子用了高级灰做主色调，明度高又很好地区别于白色，点缀了空间。

白色文化砖墙阳台

客厅的阳台也成为一处休闲空间，一个小型卡座，两个白色置物隔板，几株可爱的绿植，都被白色文化砖墙衬托得格外惬意。

11

12

餐厅

餐厅也是大面积通体白色背景，墙面、柜子都被隐藏起来，餐桌成为视觉中心，细脚桌椅的造型美观又实用，餐边柜解决了家庭日常收纳问题，墙角的大叶植物和柜子上的绿植同样充满生机，身处餐厅我们还可以看到白色通透的谷仓门，比常规门更加节省空间。

厨房

13

木纹砖用两种拼法区分空间 ○

灰蓝色的橱柜明亮漂亮，配上"人字拼"木纹砖别有风味，墙面使用"工字拼"很好地划分了空间。

卫生间

16

半高墙裙 ○

白色背景墙搭配黑色方砖做成的半高墙裙让盥洗室显得更加现代，地面的三色六角砖和黄铜质感的镜子使细节处更加精致。

卧室

主卧依然使用白色乳胶漆作为背景，白色的通顶衣柜简洁大方，原木色的家具延续了客厅的风格。看似简单的空间，在床头两侧选用的不同形式的灯具，吊灯和壁灯，不对称的美非常特别。

14 **巧妙使用榻榻米 + 衣柜组合**

书房榻榻米加衣柜一体式的设计充分利用了空间，满足了储物需求，这间屋子是面积最小的，但是看起来丝毫不显闭塞，因为衣柜的颜色是白色，和背景墙融到一起，做了很好的伪装，窗户位置被完美留出来，保证了采光，亲朋好友来的时候这里还可以作为客房使用。

充满快乐的地台

次卧整体会显得活泼一点，地台的设计让阳台成为一个舒适的小空间，读书、小憩、玩耍都没有任何问题，孩子在这里会拥有更好的成长时光。

15

17

爵士白花纹 + 工字竖拼黑砖

卫生间延续了盥洗室的风格，"爵士白花纹 + 工字竖拼黑砖"经典不俗，而且很好地将这个小面积卫生间的如厕区与淋浴区做了划分。

三、120m² 甜蜜北欧风婚房，在家堪比旅行度蜜月

家承载了现在的甜蜜和未来的陪伴，以及一生的承诺。

户型：4室2厅2卫
面积：120m²
风格：北欧风
设计：大可筑作

设计说明：

这是一对年轻夫妻的婚房，他们对装修风格的要求非常一致，那就是甜蜜温馨的北欧风。北欧风本身简洁实用，非常符合年轻人的审美，设计师以冰岛旅途中的灵感为基础，加入了很多特别的情调，让这套婚房更加具有个性。除了视觉上看起来舒适，这个家在功能布局方面的设计也非常人性化，所有设计都是根据夫妻俩的生活轨迹和习惯调整，足够多的收纳空间也都有其明确的分类。

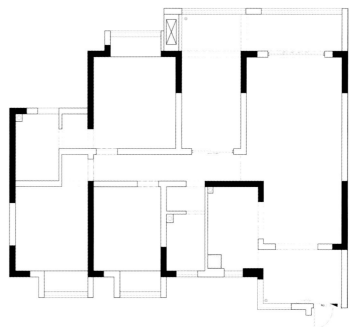

原始结构图

平面设计图

客厅

客厅以原木色为基底色营造了自然的氛围，姜黄色的背景墙让客厅更加温暖，不同温度的灰调和肌理材质叠加打造了这个有层次感的家。沙发背景墙面用了暖灰色的乳胶漆，搭配冷灰色布艺沙发与深灰色条纹地毯，大叶绿植充满了生机，摇椅上的粉色抱枕散发着甜蜜的气息，金色与黑色的茶几套装丰富了空间的层次。

弓箭垂挂吊灯

红色的吊灯外形酷似一把弓弩，简约时尚的造型在客厅起到了画龙点睛的作用，红色也带着一些"喜气"，非常适合婚房的布置，也寓意着小两口生活"红红火火"。

多功能沙发边几

沙发旁白蜡木边几的形状和分子灯有些类似，自带三个大小不一的托盘，可以放置绿植，也可以放置果盘等客厅经常会用到的小物件，分类放置，美感与功能性并存。

摇椅充当沙发椅

原本应该放置单人沙发椅的位置被放置了一张木质摇椅，让本就舒适的环境更加自在起来。这张摇椅会让家人朋友的围坐聊天的时候放松很多，摇椅可以灵活变动方向，搭配大飘窗，让休闲时光更加享受。

21

木质镂空屏风 ○─────

因为餐厅就在入门视线直达处，为了避免进门便"一览无余"，放置一扇屏风就非常有必要。这个木质透光屏风既保证了室内的私密感，又具有非常别致的造型，多处镂空的设计同时保证了空间通透感。

餐厅

讲究生活品质的人肯定会把餐厅打造得非常有仪式感，现代简约的灰色格子桌布搭配有质感的高级灰餐椅让餐厅的舒适度"倍增"。一整面墙的多功能收纳柜让餐厅的收纳空间得以保证，还能有多余空间摆放饰品，兼具实用性与高颜值。餐桌上的牛奶杯、果篮、各种餐具等造型都非常精美，让用餐时光变得非常美妙。

025

U 形操作台

木质整体柜搭配白色台面让厨房的空间更加温馨，设计师利用空间特点打造 U 形操作台，让烹饪空间扩大，增加了收纳空间。

22

卧室

主卧以浅灰色为背景，搭配原木家具，点缀些许亮黄色，大气又精致。背景墙上的挂毯代替了挂画让卧室空间更加柔和，挂毯的材质也更加柔软自然。

23

多个位置增加卧室储物

主卧除了以一整面墙的白色齐顶衣柜做储物空间以外，还利用床头柜与床尾的组合斗柜增加收纳空间，关键是这些家具风格一致，质感好、外形佳，在利用多余空间做收纳的同时又不用担心软装搭配不和谐或者家具非常突兀。

书房

24 双人工作台 + 榻榻米

书房使用了榻榻米 + 衣柜 + 书桌的形式，白色搭配原木的柜体有一种温暖的质感，榻榻米上放个小桌平日里可以当作茶室，来人留宿也可以做客房。双人工作台设计可以满足夫妻俩同时工作学习的需要，同时也将小小的书房空间利用到了极致，上方的柜子做了封闭式和开放式两种格子柜，满足多种收纳。

卫生间

25

双人洗漱台

主卫是一片白色空间，在此泡澡让人感觉非常宁静。双人洗漱台提高了洗漱效率，尤其是早晨上班的时候，可以节约时间。

四、粉色点亮
81m² 的 家，
满屋都是春天
的气息

他们对新家的热情，
一如他们对生活的热爱。

户型：2室2厅1卫
面积：81m²
风格：北欧风
设计：本墨设计

设计说明：

北欧风因为其明亮轻快的风格深受年轻人喜爱，这个81m²的家就是属于一对85后小两口的，他们对新家的热情一如他们对生活的热爱，除了风格的需求，因为其本身墙体存在不合理的部分，在不动承重墙的情况下，对原卫生间和衣帽间的墙体做了简单的拆除和重新划分，这不但使生活动线和收纳空间变得更为合理，也更加符合主人的生活方式，而视觉上的色彩搭配和软装布置也是非常舒适，整个屋子因为粉色的点缀让人有如置身繁花盛开的春天，充满生机。

原始墙体图

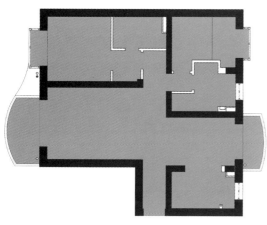

改建墙体图

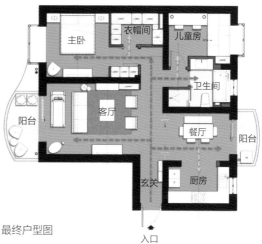

最终户型图

入口

客厅

粉色和玫瑰金点亮空间

进入客厅我们便能感觉到这个家中的配色非常舒服。大面积白墙为背景，深灰色的布艺沙发点缀上低纯度粉色的抱枕，"粉、灰、白"相接给这处空间带来了无限活力，灯饰和茶几等点缀些许玫瑰金，更是增添了时尚感。

电视柜对面的一侧白色斗柜和壁龛，既能发挥良好的收纳作用，又能在视觉上不抢眼，兼具实用和美感。

对坐式沙发

因为主人很少看电视，所以沙发的摆放方式突破传统束缚，采用对坐的方式方便朋友小聚。

壁炉变净化器

北欧风起源地本是极寒之地，所以壁炉成为北欧风的一个特色，因地制宜，所以这个家中原本的壁炉处放置了一台空气净化器。

客厅

沙发后的白色桌几不仅方便拿取物品，还让客厅更加有围和感，桌上的鲜花和香薰让生活充满了仪式感，一股清新自然的气息迎面而来。

烟熏色的橡木地板和深色的原木地板在视觉上更显稳重，也让整个空间充满了质感。

29 画龙点睛的装饰

上方大面积的白墙并未搭配装饰画，而是挂了一个精致的鹿角，丝毫不显空洞，这大概就是留白的美感。

餐厅

白色半墙护墙板、经典的顶角线、简约的挂画等都丰富了白色的背景墙,视觉上延续客厅的色调,玫瑰金色的吊灯和粉色的椅子依旧作为空间的点缀。餐厨的区域烟火气最重,但仪式感却让用餐的时光更为精致,餐桌上搭配的波点风是主人非常喜爱的,餐具也是喜欢的风格,一盘一勺间食物仿佛更加美味。

30 分隔客厅与餐厨空间

在前面的户型图中我们可以看到厨房和餐厅的空间是连通的,为了阻隔油烟的味道,餐厅和客厅之间用黑框玻璃折叠门做了分割,既明亮通透又让两个空间很好地区分开,样式也非常简约大方。

厨房

厨房和餐厅无阻隔相连,通体白色的橱柜搭配深灰色的大理石面板显得更加干净利落,而且比较好打理,地面的小花砖也让这个空间更加活泼。

主卧

主卧依旧是宽敞通透，因为采光非常好，所以灰色的墙面没有让室内暗淡，反而让整体的颜色搭配非常高级，白色的吊顶采用了欧式建筑经典款顶角线，造型亦是特别，简单中透着精致。

31

独立"隔夜衣"衣柜

对主卧卫生间的墙体稍微做了改动，使其成为一个超大衣帽间，行李箱、包包、鞋子、衣服，甚至换季的被褥都有了去处，买得再多也不怕没有地方放置。衣帽间对面还有一个衣柜用来放置隔夜的衣物，和干净的衣服做了分区。

儿童房

次卧做成了榻榻米儿童房，节省空间，而且通过更换软装，以满足孩子不同阶段的需求，整体的白色调无年龄限制，简单干净。

屋里放置的黑色书桌可以满足主人现阶段工作与读书需求，所以这个次卧兼具了书房的功能。

卫生间

原来的卫生间因为面积比较小，所以向次卧借了空间重新调整了结构，实现了淋浴、沐浴、盥洗、如厕四项功能，虽在同一空间但是彼此独立。在视觉上用了小白砖加黑色美缝再搭配金属质感的五金配件，让卫生间变得干净又精致。

五、94m² 清新
日式学区房，让
生活返璞归真

所有细节力求做到精益求精，
这才是对自己未来生活负责。

设计说明：

这是属于一家三口的学区房。94m² 的面积足够居住，但是如何让这个小家成为释放工作压力、暂时卸下伪装做回自己的舒适空间，却是不小的挑战。日式风格更加贴近自然，简约中带着朴实与禅意，让人能享受到足够的静谧与舒适。于是这个 94m² 的学区房被打造成日式空间，通过格局改造，生活阳台和厨房被打通，厨房面积扩大，次卫做了干湿分离，洗漱台移到外面的空间，主卧的面积增加并做了隐藏式衣柜，设计师还单独打造了一间茶室，使一家人可以享受平静的慢时光。

户型：3室2厅2卫
面积：94m²
风格：日式简约
设计：大可筑作

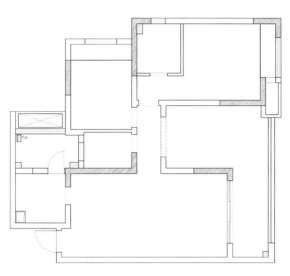

原始结构图

平面设计图

小型悬挂式鞋柜

因为玄关空间比较小，所以选用了宽度较小的悬挂式鞋柜，既能保证一家人当季鞋子的存放，又能保证空间的通透。

日式屏风保护室内隐私

因为室内原有格局的问题，导致入门视野从玄关、餐厅到客厅一透到底，半透光的木质屏风增强隐私的同时也不会完全阻断视线，与整体风格也比较搭。屏风后就是一架黑色钢琴，没有过多占用空间，为整个空间增加了生活品质。

玄关

32

33

客厅

一进入客厅便会感受到一种宁静与温馨的氛围。带有原始感的材质布满整个空间，灰色的布艺沙发沉稳大气，搭配自然纹理的原木茶几和座椅更具日式风情。这个茶几是屋主去日本旅游的时候带回国的，家中每个物件都是一家人精挑细选出来的。

浅色原木墙板

再温暖的颜色也比不上原木墙板更加自然的纹理和天然的质地。这片墙板从电视背景墙延伸到餐厅，贯穿整个空间，让公共区域风格更加统一。

34

灰色系方格地毯像极了我们小时候用的旧床单，它的存在让整个空间朴实无华的氛围加深，在这个暖色调的房子中搭配显得非常和谐。

餐厅

35

多造型餐椅搭配

大面积的浅色系原木背景墙干净又清新，与餐桌餐椅的材质达到了高度统一，干净整洁的空间看起来十分清爽。原木的单椅分落餐桌两端，原木长凳可以容纳更多人用餐，藤编的细脚餐椅增添了时尚感。因为材质都比较具有原始感，所以多种造型的餐椅搭配并没有显得突兀，反而让餐厅更加多样化。

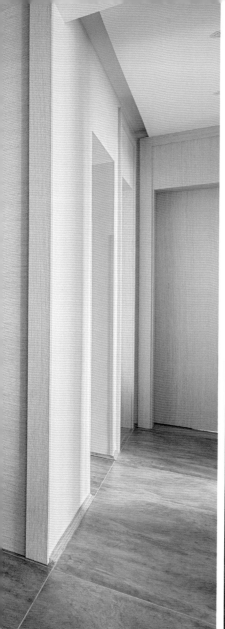

36

现场制作的滑门

夜晚灯光下的餐厅质感十足，旁边的厨房与餐厅用一道木质玻璃移门隔开，可以有效阻挡厨房油烟进入其他空间。为了达到整个空间色彩与材质的统一，所有的滑门、套装门、折叠门都是现场制作，所有细节力求做到精益求精。

厨房

厨房整洁舒适，L 形不锈钢操作台利用率更高，同时也方便清理。深木色墙砖让空间色彩层次更加丰富，多功能置物架让生活更加方便，提前预留的插座也能满足厨房多种电器的使用。

主卧

主卧一派返璞归真的景象。白色与原木色搭配的空间简约温馨，卧室东西并不多，一张床，一张沙发，一盆绿植，几本杂志。有时候，家具和装饰品的搭配需要删繁就简，才能达到简单舒适的效果。

茶室

多功能的茶室大概是一家人最喜欢的地方，原木的小桌子，精致的茶具，温柔质朴的草蒲坐垫，整面墙的书架，拥有良好采光的大飘窗，让这个空间拥有了一种平静的力量。一家人都是对生活品质非常有追求的人，爱好旅游，喜欢收藏，喜好莳花弄草，这件茶室刚好能将他们的爱好装满。

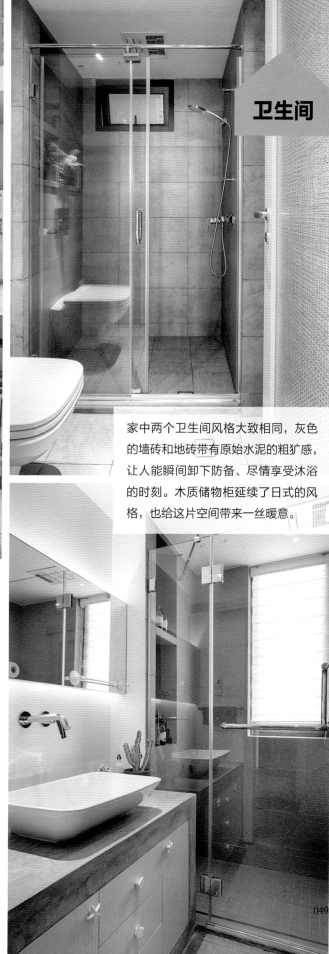

卫生间

家中两个卫生间风格大致相同，灰色的墙砖和地砖带有原始水泥的粗犷感，让人能瞬间卸下防备、尽情享受沐浴的时刻。木质储物柜延续了日式的风格，也给这片空间带来一丝暖意。

木质折叠门

茶室的门洞足够大，所以安装折叠门更加合理，既能节省空间，又能保证空间的通透感。原木的材质更加符合日式空间特点。

PART 2

第二章

打破传统格局

051

六、灵动北欧风慢生活，巧用空间做套房

繁华都市，闹中自有安适处。

户型：3室2厅2卫
面积：120m²
风格：北欧风
设计：双宝设计

设计说明：

家藏着你向往生活的样子，每日都在快节奏工作的业主想让家变成自己的一方净土，120m² 的房子断断续续打造了一年多才完成，三居室的房子平时只有年轻夫妻两个人住，所以书房和衣帽间、主卧做成了一个套房，另外一间屋子则改成多功能榻榻米房，可以做茶室或者客房，享受生活，不辜负家中自由闲适的慢时光，这是家中主人的梦想。后期软装在色彩上选取了"水晶粉 + 静谧蓝"两种点缀色调，因为这种颜色源于大自然，海水（蓝）夕阳（粉）的色彩结合，给空间提供了温暖与宁静并存的心灵平衡，这是一种心灵力量，"繁华都市，闹中自由安适处"。

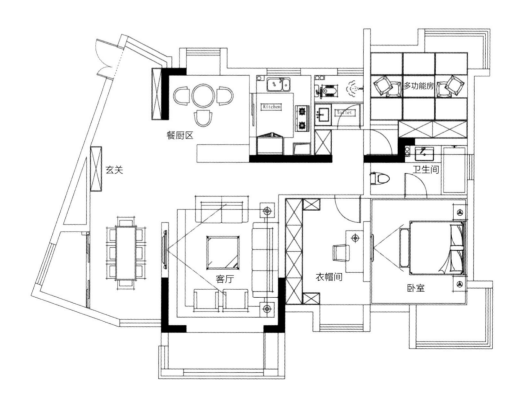

玄关

玄关变身小客厅

因为此处空间足够，所以干脆将门厅打造成了一处多功能厅，既可以当入门玄关使用，又可以当作会客休闲的小空间使用。原木色的柜子和绿植体现了北欧人与自然和谐相处的主题。

38

1m² 读书角

其实一个休闲空间或者一个读书角的设计可以非常简单，一个懒人沙发，将书放到手边地板，便可以享受属于你自己的悠闲时光。

40

41

提升幸福感的绿植

家中的绿植种类非常多，天堂鸟、虎皮兰、龟背竹等都被养得郁郁葱葱，植物的生命状态反射出主人对生活的热情，绿植带给这个家的是能量感、幸福感和仪式感。

客厅整体由白色＋灰色组成，白色的背景墙和屋顶几乎没有任何烦琐的装饰，分子灯简洁时尚，亮灰色的沙发低调优雅，还有无处不在的绿植，这一切都让客厅显得更加自然随性。

39

○ **用吧台分割空间**

客厅和餐厅分别位于两侧，开放式的空间非常通透敞亮，吧台同时起到了分割空间的作用，让客厅和餐厅连为一体的同时又彼此独立。

055

餐厅的吧台设计得非常有情调，三盏同等高度的吊灯为夜晚带来了温馨神秘的氛围，这个吧台同时可以作为一个操作台使用，小型水槽在烹饪美食时非常方便。

42

"中西厨"合理搭配

用吧台围合起来的空间便是餐厅，同时也是这个家中的"西厨"，平时可以在此做一些甜品或者沙拉等无油烟的西餐。因为中国菜多"爆炒"，"中厨"的封闭性要更高一些，此处的"中厨"被白框格子玻璃移门做隔离，同时能保证空间的通透性。

43

卧室

合并卧室做套房

原本的三室中的两室被"任性"地做成了套房，衣帽间和主卧连接到一起让动线更为合理，原木色的家具点缀粉色与蓝色，让空间更为静谧。衣帽间放置了一整排衣柜，以满足女主人储存大量衣服的需要，梳妆台平时还可以作为书桌使用，夜晚办公学习可以不用打扰"另一半"的休息。

书房

合并两室做套房后，最后一间卧室做成了多功能房，榻榻米充分利用空间，灵活多变的样式可以满足多种使用需求，平日里可以品茶、看书、晒太阳，有客人、亲戚留宿这里又可以容纳多人休息。这个榻榻米房风格非常清新，浅木色的衣柜，白色的榻榻米，加上阳光绿植，仿佛有自由之风穿梭其间。

057

七、92m² 跃层空间巧妙移动楼梯，打造清爽北欧风

从原始状态到铺砖刷墙精心布置，我见证它一点点变得完美，明白来之不易，更会用心守护。

户型：3室2厅2卫
面积：92m²
风格：北欧风
设计：双宝设计

设计说明：

这是位于重庆的一个92m²的
跃层住宅，原始户型的楼梯就
在客厅，使得房屋采光差，空
间局促，格局压抑，而且还会
影响客厅的日常使用。幸好住
宅外围还有赠送的空间，将楼
梯改动到原阳台位置，四面封
窗，楼梯间剩余空间做成了生
活阳台，楼梯从公共空间一层
延伸到二层，不占用室内空间。
一层厨房和客房的墙体被拆掉
重新规划，开放式的格局让空
间更加通透。

一层平面图

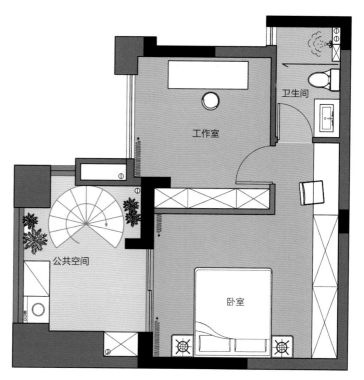

二层平面图

客厅

44

白 + 蓝组成的清爽北欧风

由白色背景 + 蓝色块组成的客厅，简洁中透着"酷酷"的样子，低饱和度的蓝色在夏日让人感觉凉爽轻快。

长杆壁灯

客厅并没有主灯和其他线条花纹装饰，长杆壁灯造型本身艺术感很强，同时增大了照明范围，好看又好用，晚上在此看书会很舒服。

45

46

○ **蒲葵激发室内活力**

绿植是北欧风中不可或缺的点睛之
笔，客厅一角的蒲葵与室外的花园
仿佛连为一体，让空间显得生机勃
勃，搭配其他花束、鲜果，尽显清
清爽爽的北欧风魅力。

47

○ **改善室内采光**

客厅连接客房的地面做了地台，增
加了空间的层次感，黑框玻璃让客
房光线进入客厅与餐厅，改善了之
前室内暗沉的情况。

操作台和卡座连为一体

厨房的操作台经过延伸变低后和餐厅的卡座连为一个整体，赋予了餐厅新的功能，例如休闲区或阅读区等。

48

49

收纳柜助力多功能区

餐厅设置了一整面的收纳柜，满足了家庭储物所需，中间镂空的部分可以放置书籍和装饰品，让这个空间成为多功能区。

50

蓝色 + 白色搭配的餐桌

餐桌靠墙一端用了一部分蓝色做搭配，呼应了客厅的蓝白搭配，也丰富了空间色彩，活泼灵动。

51

厨房地毯优势和劣势

厨房用了灰色整体柜体和白色台面搭配，优雅又大方，紧靠柜子的厨房长条地毯能够防止东西摔碎，又能防滑吸水，比较美观，弊端就是清洁时可能会比较麻烦。

书房

客房平日里使用率较低，所以设计得相对简单，黑色玻璃门将客房光线引入厨房，使暗厨变明厨。

52

客房与书房功能转换

没有客人的时候客房也可当作书房使用，在此学习、看书、办公都相对安静一些。

063

楼道

阳台处的采光是最好的，踩着阳光
上下楼，生活的幸福感一点点被累
积起来，即使不是晴好的天气，这
里的夜景与雨景，各种风云变幻也
会如大片般精彩。

53 合理利用公共空间

这条连接一层和二层的楼梯被转移到了阳台和外面赠送的空间，改善了室内的采光，增加了室内面积，还合理利用了公共空间。

卧室

二楼卧室延续了整间房子的主色调，蓝白色的空间添加了一些柔和的橘粉色，"貌美"的白纱帘让室内的光温和不刺眼，金色的床头吊灯提升了卧室的品质感。

二楼卧室还藏有一个小套间，兼顾了衣帽间和工作间的双重功能。男主人是做音乐创作工作的，需要绝对静谧的空间不被打扰。

54

带提手的床头 ○——

床品本身自带的靠垫可以增加斜卧时的舒适度，而且这个床的床头是带提手的，方便移动。

这是衣柜旁边的一个梳妆台，平时也可以当作书桌使用。二楼卧室还有独立的卫生间，满足二楼区域相对独立。

卫生间

"自由狂野"的帘子

卫生间使用大面积的浴帘，棕榈叶和斑马纹充满了热带丛林的神秘气息，和北欧风崇尚自然的理念一致，和谐统一，也降低了整体装修造价。

55

八、230m² 别墅只做 3 个卧室，只为拥有宜居的日式空间

你总认为世外桃源可望不可即，我打开家门就到了。

| 户型：4 室 3 厅 2 厨 2 卫 |
| 面积：230m² |
| 风格：日式 |
| 设计：五明原创家居设计 |

设计说明：

作为上有老下有小的年轻的夫妻总是在努力为生活打拼的时候忽略了与家人的相聚，为了能更好地陪伴家人，他们买下了一套 3 层的联排小屋，230m² 的面积足够三代人住在一起，小夫妻曾经在去日本旅行过程中喜欢上了自然温馨的居住环境，所以他们放弃了奢华风格而选择了简洁清爽的日式风，这更符合他们对平淡生活的期待。整个设计最大的亮点就是将二层空间的主卧做成了一个超大的套房，配有卧室、榻榻米活动室、衣帽间和卫生间，而这个最好的房间是为年老的父母准备，男女主人则居住在二层的次卧。这套房子远离市区，非常宁静，温馨的装修风格让人非常有归属感。

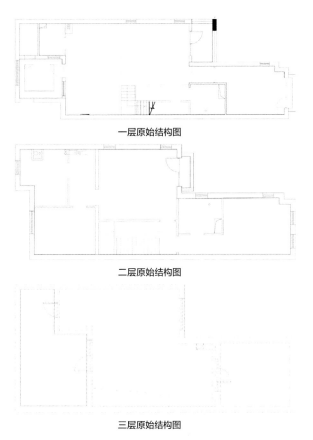

一层原始结构图

二层原始结构图

三层原始结构图

原始结构图

一层平面图

二层平面图

三层平面图

平面设计图

客厅

客厅在原有户型的基础上将空间一分为二，一边做了开放式西厨，一边做了传统的客厅，保证了空间的通透感和功能性。转角的贵妃榻专门为喜欢躺着看电视的爸妈准备，因为家中有狗，所以铺设了方便清理的地砖，淡黄色的地毯弱化了地砖的刚硬感。

楼梯底部 = 储物间 + 电视背景墙

楼梯底部的空间是最不应该被浪费掉的，
经过严密的设计，这里被做成了储物间，
隐形门与电视背景墙融为一体，保证了整
体的美观。

56

厨房

西厨区特别像影视剧里的造型，一片温馨的景象，适合做简餐、西餐的厨房电器都被放置于此，父母做饭的时候还可以和小朋友互动，更好地享受天伦之乐。

57

U 形高低双层操作台

西厨的操作台做了两种高度，采用了一种半包裹的样式。外围的操作台用白色工字拼墙砖搭配浅色原木，而里面的低层操作台则是白色的台面与木质的柜子。底层操作台更方便制作食物，而外围的高层操作台则可以成为一个小吧台来喝酒聊天、吃下午茶。底层靠近沙发的柜体凹进去做了几个开放性储物格，让拿取东西更加方便。

58

用隔板做装饰

因为中、西厨已经有了足够的储物空间，餐桌一旁也有餐边柜做收纳，所以木质搁板成为放置装饰品的地方。老人的一些老物件放置在此，让这个空间有了一丝复古的味道。

59

带电扇的吊灯

造型简约的吊扇灯可以同时满足照明与加速空气流通的功能，这会比分开安装更加美观和节省空间，而且使用电风扇解暑要比空调更加健康。

餐厅

餐厅位于西厨的对面，这样不仅让动线更为合理，也加强了厨房与餐厅之间的联系，原木色的家居质地温和，父母在厨房做饭，孩子可以在餐桌写作业，彼此都能随时见到。超长的餐桌可以让一家人在非常宽松的状态下用餐，餐椅＋长凳的组合既有层次感，也更加闲适。

主卧套房

主卧位于房屋二层，这是间面积最大的卧室，因为退休后的老人大部分时间都待在家中，所以最舒适的房间留给二老。空间用白色与木色搭配，简单干净，屋子几乎没有多余的装饰摆设，床尾放置着一台老人结婚时的嫁妆——一台拥有薄荷绿色机身的老式缝纫机，木色的台面与周围环境完美融合。

格栅后的衣帽间和卫生间连为一体，衣帽间设置在房间两侧，卫生间简洁而有新意，浴缸旁边的壁龛美观实用。

功能强大的套房

日式的移动门合上的时候好似一面屏风，门后隐藏了三个空间，衣帽间、卫生间和一间榻榻米卧室，功能强大的套房让老人的生活更加方便。

和式空间

榻榻米卧室被做成了和式空间，周边的格子储物柜拥有强大的收纳能力，平整的地面让空间更加开阔，也方便老人带着宝宝在此玩耍。

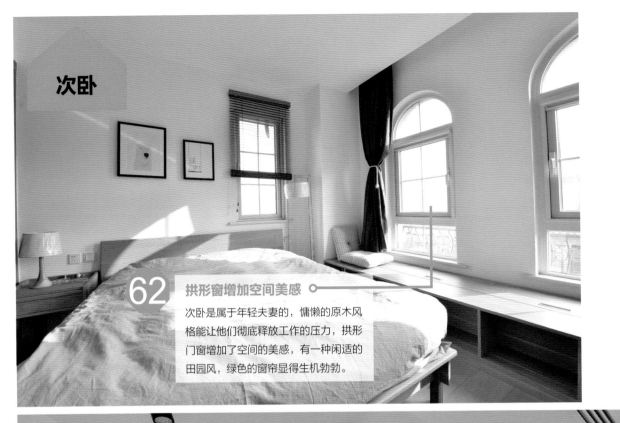

次卧

62 **拱形窗增加空间美感**

次卧是属于年轻夫妻的，慵懒的原木风格能让他们彻底释放工作的压力，拱形门窗增加了空间的美感，有一种闲适的田园风，绿色的窗帘显得生机勃勃。

活动室

三层空间做成了超大的活动室，特别适合孩子平日在此游戏玩耍，朋友亲戚聚会也可在此举办，简约的布局保持了很高的空间自由度。

63

性价比高的简易格子柜

墙边整排的格子柜拥有超大的储物空间，低矮的柜子不会有压抑感，搭配储物箱可以满足多种物品收纳，而且性价比很高。

楼梯间的设计也非常重要，设计师采用留白的手法让空间富有禅意，还拥有了一种朴实的美感，与整体设计风格相融合，舍弃了华而不实的装饰，也节省了装修的造价。

九、有温度的日式风格，120m² 的家将空间利用到极致

家中每个物件都应该有属于自己的位置，乱了，心情会不好。

户型： 4室2厅2卫
面积： 120m²
风格： 日式
设计： 六添设计

设计说明：

日式风的家是很多人的理想居所，它表面简单素雅，细节设计却非常人性化。这个日式风的家中就做到了无死角收纳，让生活更加便利，想乱都难。整个原始结构被重新设计后，120m²的家拥有了四个房间：两个卧室，一个衣帽间兼玩具房，还有一个影音房，能满足业主提出的使用功能要求。因为目前只有三口人居住，其他房间都可以随着功能需求调整。家中有三个区域设置了软木板，日常聚会照片等值得纪念的照片都可以钉在上面，让这个家更有"温度"。

原始结构图

平面设计图

玄关

64

隐形鞋柜

入门玄关处有一个长长的过道，设计师利用两侧空间做收纳。左边一整面的隐形鞋柜好似一面背景墙，无把手使用反弹器的设计让它更加隐形，减弱了储物空间的存在感。

65

多功能造型墙

右侧做了一些大小不一的格子来摆放饰品、放置钥匙等，这些格子柜遮住了电箱，起到了"遮丑"的作用，墙上设计的木质挂钩可以挂包和雨伞。

客厅

棉麻与木头的原始感搭配清新的色调，让日系客厅透露着一股自然淳朴的气息。客厅的面积虽然不是很大，却足够温馨舒适，让一家三口可以在此享受家庭美好时光。

隐藏电视机的滑门

为了减少孩子看电视的次数，女主人选择直接将电视机隐藏起来，来减轻电视对孩子的诱惑。白色的柜门其实是一个滑门，打开后会遮挡住放书籍及电视的架子部分。整面墙的储物柜为客厅增加了非常大的收纳空间。

阳台

这扇格子窗的设计灵感来自于女主人喜欢的日本动漫中的场景，在家中设计这样的一扇窗仿佛置身动漫中的美好时光。

多功能阳台区域

阳台面积在原始格局基础上增加了很多，于是整个区域变身成"晾晒区 + 清洁区 + 收纳区 + 休闲区"，阳光绿植和喜好的一切都在此"发酵"，窗边小石子池的设计让浇花时的水有了去处。

在"白色 + 木色"的配色中，餐厅一片温馨景象，卡座形式的餐椅在节省空间的同时也可以容纳更多人用餐，碗碟形状的吊灯非常适合餐厅的氛围。和客厅连成一体的柜子在视觉上更加整齐，一些厨房电器放置在此，让这里更像是一个西厨区，可以做一些简单的甜点与下午茶。

二叠式下拉篮

看似平淡的家中其实处处布满"机关"，餐厅上方收纳柜中放置的下拉篮和厨房的拉伸式储物架有所不同，这是一个更为强大的二叠式下拉篮，很好地解决了柜子太深太高使用不便的问题。

厨房

厨房做了节省空间又好看的木质格子窗谷仓门，这样门边的空间被充分利用起来，一整面到顶的零食佐料格子架充分利用垂直空间进行收纳。厨房的柜体用瓷砖砌成，防潮易打理，台面做了倒角设计，让水不会轻易流出。

69

拉伸式储物架

厨房吊柜的优点是可以增加储物，缺点是位置太高，拿东西很不方便，而拉伸式的储物架与吊柜的结合完美解决了这个问题，用完架子上的东西推回吊柜内，厨房的墙面也变得整洁起来，这是非常人性化的一个设计。

吧台兼窗口的设计

因为厨房面积较小，设计师做了一个窗口直对餐厅，这样餐厅的一部分收纳空间可以匀给厨房，而这个窗口同时也是一个小吧台，增加的台面可以放置一些小家电，厨房台面下方放置了可以收纳垃圾桶的多功能推车，将每一寸空间利用到极致。

70

卧室

卧室采光充足，原木材质的家具、简约的装饰与背景非常符合日式卧室的素雅与舒适，编制挂毯代替了挂画让空间更加"柔软"，小巧的壁灯和床头的插画增加了卧室的精致感。

71

打通主卧与多功能房

主卧与多功能房互通成为一个套间，为了解放主卧的空间，衣柜设计在多功能房中，让多功能房变为固定的衣帽间，其他大部分空间会根据家庭需求随时变换。

影音房

72

多功能影音房

这个房间是专门为满足男主人爱好设计的。影音房的打造需要专业的设计，墙面使用软木板吸音，尽量隔绝与其他空间的联系。这里特别适合喜欢宅在家里的人享受个人空间。为满足亲朋好友聚会的需要，特意增加了一套卡拉OK设备，一个家庭影院和KTV就这样诞生了。

儿童房设计得非常具有童趣，无论是搭建的房子框架还是毛绒玩具，都是孩子目前成长阶段所喜欢的。

卫生间

为了节省面积，设计师将主卫的浴缸与淋浴融合在一个空间，然后选用干净整洁的壁挂式马桶，旁边凹进去的空间用来放置马桶塞及清洁剂，然后用白色小帘子进行遮挡。洗手台下方可以收纳很多卫生间电器和其他使用频次比较高的物品。

091

十、34m² 装下"四式分离"卫生间，拥有 16.3m² 的收纳空间

你对房子用心多少，决定着它给予你的惊喜程度。

户型：2室1厅1厨1卫
面积：34m²
风格：日式
设计：本墨设计

设计说明：

这个 34m² 的小房子位于寸土寸金的上海，它需要同时满足三代人的居住需求。原始格局比较单一，杂物外放，也没有足够的独立空间，一家人生活非常局促，狭长的户型进深大、开间小，非常影响采光和日常生活。改造后的格局动线合理，卫生间移动后做了四式分离，厨房利用狭长走道做了开放式的 L 形超大橱柜，其他空间被合理规划出两个卧室，还有超大储物空间，加起来可以放置 500 个"20 寸"登机箱，满足了一家人的需求。

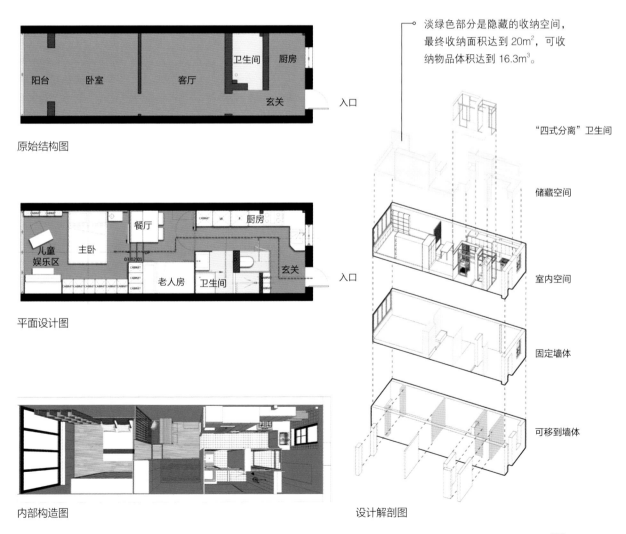

原始结构图

平面设计图

内部构造图

淡绿色部分是隐藏的收纳空间，最终收纳面积达到 20m²，可收纳物品体积达到 16.3m³。

"四式分离"卫生间

储藏空间

室内空间

固定墙体

可移到墙体

设计解剖图

玄关

简单干净的玄关非常实用，白色的玄关柜和卫生间墙面持平，看起来整体感非常强。台阶式低矮的鞋柜带有换鞋的坐凳，上方的挂衣钩可以放置包和临时外套。

厨房

4.5m 长的 L 形厨房拥有足够的操作和收纳空间，满足一家人的烹饪需求。

玻璃移门节省空间，透光性比较强，最里侧的淋浴区也能借到光而丝毫不显昏暗。

73

走廊中的玻璃移门

虽然厨房过道与主动线一致，但依然设计了玻璃移门来阻隔重度油烟，也还餐厅、卧室以独立的空间。

74

黑缝小白砖

墙面和地面用了同款小白砖填黑缝，非常便于打理，也让原本闭塞的小空间明亮起来。

75

提前预留家电空间

所有的家电都在设计的时候提前预留了空间，冰箱、洗衣机等都整齐地摆成一排，将小户型空间利用到极致。

卫生间

四式分离的卫生间分别让盥洗区、淋浴区、如厕区、沐浴区独立存在，四个空间相互联系又不互相干扰。

餐厅

餐厅在整个家的中间位置，前面是主卧，左边是老人房，后面是厨房。一张造型简洁的餐桌成为整个家的中转站。

榻榻米台阶做"餐椅"

主卧的台阶延伸后变成餐厅的卡座，更好地节省了空间，也让餐厅兼具了多种功能，如孩子的书房、大人的工作间等。

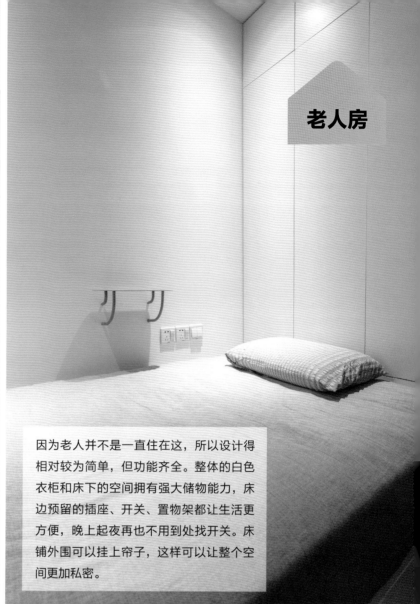

因为老人并不是一直住在这，所以设计得相对较为简单，但功能齐全。整体的白色衣柜和床下的空间拥有强大储物能力，床边预留的插座、开关、置物架都让生活更方便，晚上起夜再也不用到处找开关。床铺外围可以挂上帘子，这样可以让整个空间更加私密。

77

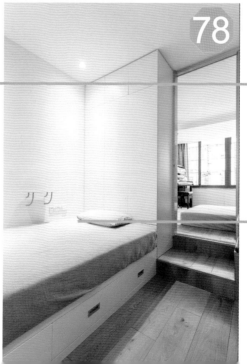

78

日式榻榻米移门

相对平开门而言，推拉门更能节省空间。日式榻榻米格子移门非常美观，与家中风格一致，同时也使空间显得更加通透。

老人房变客厅

白天的时候床上可以放置毯子与小桌子，老人房立刻变身客厅或茶室。

主卧

主卧"大白墙"搭配原木的设计让空间干净温馨，壁挂式空调藏在屋顶百叶出风口，设计更为整体。和餐厅同款的吊灯有一种朴素的美，更像一个装饰品。

79

榻榻米卧室更适合小户型

榻榻米卧室对于小户型而言有着天然的优势，抬高地面后整间屋子下面都是储物空间。一张床垫代替高大的床铺，减少了层高带来的压抑感，也让视野更加通透。

靠窗的一侧是儿童娱乐区，这是采光
最好的区域，一家人可以围坐在一起
陪孩子度过快乐的时光，床头一侧的
开放格子柜可以放置孩子喜欢的书
籍与玩具。

窗户旁放置了一架钢琴，满足一
家人喜好的同时丝毫没有占用过
多空间。让合适的东西放到合适
的位置非常重要。

整体通顶衣柜

床尾整面墙的通顶衣柜可以满足
一家人的衣物收纳，旁边特意留
出一部分垂直空间分成 5 个开放
格子间，可以放置平时经常会拿
取的书籍和小物件。

80

PART 3

第三章

满足多代人审美

十一、温情又迷人的蓝色北欧风，满足三代人的审美

蓝色墙面象征星空大海，拥有绝对自由与无限魅力。

户型：4室2厅2卫
面积：134m²
风格：北欧风
设计：大可筑作

设计说明：

大多数北欧风都是以大面积白色为主调，挑选浅色系软装，然后用一些色块与线条来点缀，这个134m²的跃层空间却用了调和过的群青色为主色调渗透到每个房间，让这个北欧风设计个性又沉稳。这是一个三代人居住的家，所以在风格和细节方面都需要充分考虑到每一代人的需求，最终的设计并没有对原始格局有太大改动，二层各个卧室格局经过拆除多余墙体更加通透整体，阳台空间都到室内，增加了卧室面积。这个家庭有两个女儿，所以在环保的条件下更要求温馨且具有童趣，小鸟、兔耳朵椅等细节搭配设计，有趣又暖入人心。室内都是用同色调但不同肌理材质做搭配：复合木地板、软木墙、原生态树桩、原木家具，相互融合又具有层次感。

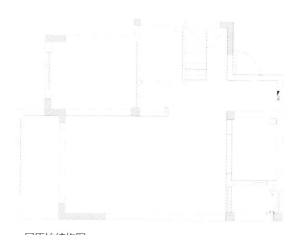

一层原始结构图

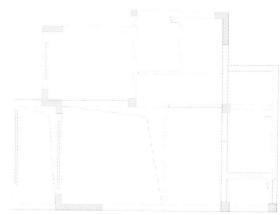

二层原始结构图

一层平面图

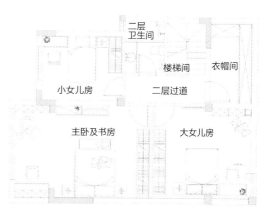

二层平面图

玄关

带抽屉的换鞋凳

人性化的换鞋凳带有两个小抽屉，可以放置一些钥匙类的小物件，上面还能摆放花束增加装饰性，一个换鞋凳也可以成为家中很美的一个角落。

81

入户处紧邻楼梯区域，这样可以保障室内的动线流畅，蓝色的墙面搭配木色地板和楼梯别有一番味道。玄关区铺设地砖和室内木地板衔接，划分了区域也方便清理由室外带来的污渍。

86

"三点一线"

我们听到"三点一线"就会想到日复一日一成不变的生活，看似很无聊的概念在家装中非常实用。客厅、餐厅、厨房三点连成一条线，使得动线更加流畅，格局也更加通透，而且会提高日常生活的效率。

用射灯丰富背景墙

客厅用简单的白 + 蓝 + 木色通过大色块衔接相互融合，沙发背景墙几乎没有任何装饰，特意设计的射灯让背景墙形成独特的小山形状，既拥有了美感，又能在夜晚享受柔和静谧的氛围，射灯同时也成为客厅的补充灯光，丰富了客厅光源。

82

83

蓝色北欧风情

通过调和的灰色调和群青色成为家中每个空间都存在的主色调，看似清冷的色调并没有给家中带来冰冷感，反而有一种大海和蓝天的自由感，与木质家具搭配更有蓝天大地的自然气息。

84

兔耳朵椅增加童趣

要做到平衡三代人审美的家居设计并不容易，孩子喜欢的东西总是古灵精怪、生动有趣的，一不小心就会让整个家精致大气的感觉消失，而这个兔耳朵椅子既有趣又实用，木质也不失端庄，可以和客厅整体风格融合在一起。

"树桩墙"装饰

客厅虽然没有很多挂画和装饰品，但是设计师将电视背景墙其中一块区域做了凹墙，然后用原生态木桩打造出一面"树桩墙"，装饰性非常强，也符合北欧风"贴近自然"的主题。

85

原木玻璃格子谷仓门

厨房和生活阳台都用了节省空间又比较通透的"木框玻璃谷仓门",上方的轨道正好做成一排,风格统一也比较实用,这两处空间都属于公共区域,使用"谷仓门"非常合适。

87

温暖的灯光让蓝色的墙面变得非常温柔，餐厅满是带有自然气息的元素搭配，棉麻的餐桌布、木质的餐椅和餐边柜，生机勃勃的绿植，就连装饰画都是小清新风格，使整个氛围非常和谐。

木质餐边柜既美观又具有实用性，可以作为厨房收纳的补充空间，放置一些平时使用频率比较高的餐厅用品，会使生活更加方便。

主卧

除客房外其他 3 个卧室都在二层，经过合理的改造后每个卧室都变得完整又开阔。主卧空间打造成大气温和的木色空间，对称的床头柜和吊灯在夜晚散发着独特的魅力，极简风的白色挂画让卧室空间色彩层次更加分明。

主卧的飘窗阳台被改造成了一个多功能区域，既是梳妆台又是书桌，满足了女主人化妆和男主人工作的需求，白色的纱帘让透入室内的阳光更加柔和。

109

小女儿房面积较小，但依然充满童趣，粉色的窗帘是每个小女孩的最爱，墙上的挂画都是孩子喜欢的小动物，整面的软木墙可以挂置各种可爱的东西，最适合这个年纪的孩子。圆形的小桌代替了床头柜，随着孩子成长这些家具都可以随时更换。

小女儿房

次卧作为客卧在一层空间，风格上延续了家中蓝色北欧风主题，作为使用频次并不是很高的客卧，这间卧室满足了人们对睡眠的基本需求，蓝色的墙面，纯色的床品，简洁又舒适。

大女儿的房间用了浅灰色墙面搭配淡蓝色的床品，依旧保持了象征着自由快乐的蓝色调子，床的两侧分别是书桌和床头柜，满足孩子看书学习和放置床头物品的需求，屋顶不规则灯带专为孩子设计，柔和的光线可以保护孩子的眼睛。

112

大女儿房

为孩子打造"公主部落"

大女儿房间的空间面积较大，除了书桌、书柜以外，还有专属于小女孩儿的纱帐，好似一个公主的城堡，里面柔软的粉色抱枕非常舒适，在这里看书玩耍，会让孩子们的童年时光更加美好。

88

整面软木墙

软木墙造型古朴，和客厅的"树桩墙"一样散发着自然气息，儿童房将整面背景墙都打造成软木墙，除了具有隔音隔热的功能，环保的材质对孩子成长也比较好，最主要的是墙上可以挂置孩子喜欢的各种东西，可以让孩子无限发挥自己的创造力，让她们度过一个美好的童年。

卫生间

一层和二层分别有一个卫生间，风格设计大致相同，不同的便器满足不同人的需求，大地色系的墙砖非常大气，两个卫生间都设置了轻便的木质置物架，可以放置一些洗漱用品，非常实用，带有边框的玻璃推拉门安全稳重，也增加空间通透感。

十二、250m² 日式混搭空间，让家成为沟通的桥梁

有温度的家就像一直跳动的心脏，炽热而有力量。

设计说明：

这是一个采光非常好的房子，屋子的主人有一儿一女，他们对家的理解就是要有温度，以亲子互动为起点，让家成为一座桥梁，能承载两代人的沟通和交流，陪伴孩子一起成长。250m² 的面积非常宽敞通透，但原格局的空间功能分布却不太合理。根据一家人的喜好，设计师重新设计了布局，主卧一分为二，做了儿子房和书房，还增设了独立的衣帽间，入户空间调整变小，原来一楼的卧室划分区域后增加了一个手工工作室，剩余部分做成了多功能房。整个房子没有丝毫奢华之气，原木色为主调的空间营造出温暖包容的氛围。墙面大量运用橡木开放漆饰面，有意留下斑驳的痕迹，恰到好处的留白烘托出整体空间气质，符合业主沉稳的性格。

户型：5室2厅3卫
面积：250m²
风格：日式混搭
设计：境壹空间

原始结构图

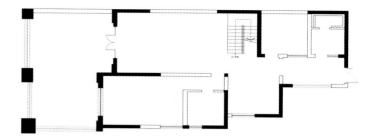

一层原始结构图

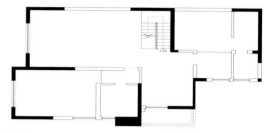

二层原始结构图

平面设计图

一层平面图

二层平面图

客厅

客厅整体氛围整洁舒适，因为软装用了同色系装饰，所以草编蒲团、长毛质感的抱枕、铁艺的茶几、皮质的沙发放置在一起丝毫不会有不协调的感觉。慵懒的单人沙发可以让人完全释放压力，良好的采光和无主灯的设计都让客厅更加通透。

90

木质置物架丰富背景墙

沙发背景墙上打造了一些高低错落的置物架，上面可以放置一些装饰品和收藏品，优点是可以根据喜好频繁更换装饰品，使客厅每天都有不同的样子。

艺术涂料装饰电视背景墙

电视背景墙看似简约，但近距离看会发现上面有细微的肌理效果，大气又精致。艺术涂料还具有防水、防尘、阻燃的功能，品质较好的艺术颜料色彩历久常新，绿色环保。

92

91

复古风斗柜增加空间厚重感

沙发旁边的深木色斗柜造型别致古朴，好似一件艺术品，非常具有年代的厚重感，在此放置书籍方便取阅，使沙发瞬间变身读书角。

点状虚光灯带

客厅采用了无主灯设计，内嵌的筒灯形成了不规则分散的灯带，既能满足照明需求，又让灯光均匀分布，不会有刺眼的情况。

93

餐厅

餐厅放置了一张简单的木质长桌，再加上一排多功能餐边柜就没有其他家具，用餐的氛围变得更为纯粹。

木板做吊顶 + 木板上墙

家中并没有铺设地板，但是家中的每个角落却都充满了木质的元素。在餐厅中木板不仅做了背景墙，更是被做成了吊顶，增加了空间的温润感和自然感。

94

通过颜色搭配调和空间

水泥材质的吊灯有一种粗犷的原始感,
搭配淳朴原木色家具和谐又个性。新鲜
的瓜果丰富了餐厅的色彩,在灰白木融
合的背景下,任何鲜艳颜色的点缀都非
常好看,颜色搭配的比例非常重要。

96

厨房

不挑位置的集成灶

厨房采用 U 形操作台面合理利用了空间，集成灶安装在靠窗的一侧，更多空间用来做收纳。很多人对集成灶有些质疑，但它集油烟机、炉灶、消毒柜等为一体，极大节省了空间面积，侧吸油烟的特点让它的安装位置更加灵活。

多功能房

多功能房的储物空间被安排在了房间下方和一侧，剩余的空间放置了一个小桌两个蒲团，就是一间十分宽敞的茶室。木质的百叶窗滤过的阳光更加柔和，简约的吊灯和装饰更显空间的禅意，当有客人来时这里可以随时变成客房。

97

楼梯

楼梯下的读书角

家中的一对儿女从小就拥有非常好的阅读习惯，楼梯下方的空间被巧妙利用起来，打造成了一个简单的读书角，满足孩子看书的爱好。

二层玄关

98

"凿壁借光"

二层的玄关做了简单的装饰，墙面开了一扇垂直的长方形窗子，通过衣帽间的墙面将自然光引到室内，让这里的空间不至于太过昏暗。

主卧采用双开门设计宽敞明亮，用软木打造的地台舒适温暖，上面放置一张床垫便可安心入睡。圆形茶几组合、床尾的斗柜、简易的衣架都让卧室的功能更加丰富。

儿童房

儿童房用了很多粉色来调和空间色调，云朵造型的床铺、树叶造型的吊灯和公主风帐篷等都让人仿佛置身于童话世界。

书房

通过拆分原主卧而打造的书房简单素雅，小小的空间满足了屋主对阅读的需求，整面墙的书柜可以收纳大量书籍，非常实用。

卫生间

对称式双洗手台设计

卫生间采用了对称式双洗手台设计，两侧拥有相同的镜面储物柜。相同的水龙头与台面，不仅造型精美，而且非常实用，提高了洗漱的效率。

十三、117m² 复式海景公寓，变身日式阳光大宅

理想生活是，家中的你开心快乐，窗外的风景清新怡人。

户型：3 室 3 厅 1 卫
面积：117m²
风格：日式
设计：理居设计

设计说明：

拥有一个温馨舒适的家，里面有家人的欢声笑语，窗外有迷人的风景，这大概是每个人的理想生活。这个 117m² 的复式海景房窗外拥有很好的风景，理想生活已经实现一半，能否住得开心幸福至关重要。原格局中厨房面积

厨房

卫生间

玄关

次卧

餐厅

客厅

生活阳台

一层平面图

2F（改造前）

2F（改造后）

卫生间

衣帽间

儿童房

过道

书房

主卧

小、台面窄，玄关收纳空间不足，餐桌位置会看到卫生间。经过改造后，家中不仅多出衣帽间和书房，还通过增加了楼梯高度塞入冰箱；延长入门通道，将电视背景墙的延伸部分替换成三门鞋柜；卫生间门位置由靠近厨房一侧改到靠近卧室一侧，遮挡尴尬视角，也使次卧空间更加方正。整个家的主题风格是日式，舒适宜居，每个卧室的多余墙柱被敲掉，看向窗外的视野扩大。在舒适的家中看迷人的风景，他们终于实现了自己梦想的生活。

二层平面图

客厅

客厅简约优雅，主沙发＋沙发椅的组合可以为客厅省出更多空间，方便小朋友玩耍。灯带设计成了优雅的 L 形，个性又能满足照明。靠近阳台角落小部分墙面用了科定板，加上一盏壁灯让夜晚氛围更加温暖。

100

101

空调的出风口设计

为了避免夏天开空调的时候人被冷风直吹，空调出风口方向朝向电视墙，冷气经过转折不会直接吹到久坐在沙发人的身上。

真木饰面板

客厅的电视墙用的是真木饰面板，纹理层次分明，拥有朴实的自然感。这种饰面板不仅好看，还耐磨、耐潮、环保。

102

没有电视柜的电视背景墙

电视背景墙用了极简的样式，不设电视柜，空间视野更加开阔。电视机左侧做了一组格子柜，上半部分收纳一些客厅杂物，下方格子柜做展示。为了保持视觉平衡，电视机右侧也做了两层置物隔板，用来放置照片和绿植。

103

抽屉柜充当茶几

为了保证客餐厅有足够的活动空间，沙发前面并没有放置茶几，右侧的一个小型抽屉柜充当了茶几的功能，用来随手放置一些物品。

104

多功能阳台柜

阳台一侧做了简单的吊柜和台面柜，吊柜用来储物，台面柜平时用来叠衣服或者熨烫衣服，偶尔还可以当成吧台喝喝小酒。小清新的帘子遮挡住了下方的洗衣机和烘干机，整体看起来更加美观。

厨房

因为厨房的面积较小,冰箱移到了外面。厨房门口的非承重墙砸掉后重新砌成,减少 10cm 厚度,这样原始台面就可以增加宽度。橱柜全部做成长条的暗拉手以形成体块感。因为采光不足,洗碗槽上方安装了一盏吊灯补充照明。

餐厅

餐厅位置就在楼梯一侧,开放式的格局让餐厅采光良好,胡桃木材质的餐桌拥有朴实自然的质感,温莎椅搭配长凳让餐厅的整体摆设更加有趣。餐边柜的射灯和餐桌上方的吊灯为夜晚用餐增加了温馨的氛围。

楼梯

楼梯下方的空间被巧妙利用起来，冰箱考虑到未来会换新便预留了足够的高度，旁边 4 个大小不一的储藏柜可以用来放置一些大件物品，如儿童车、吸尘器等。

105

透明玻璃防护栏

原木扶手搭配透明玻璃形成美观又能提升空间通透感的防护栏。有老人和孩子的家庭防护必须做到位，镂空扶手的设计很容易使人不慎摔落。

楼梯间的黑板墙

蓝色涂鸦墙远远望去清澈明亮，丰富了空间色彩层次，成为浅色调中的一处亮点。大面积的楼梯间墙面都被利用起来，可以让孩子随心所欲创作，也增加了亲子之间的互动。

106

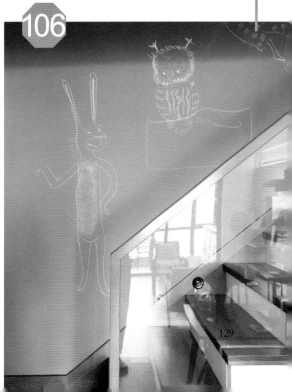

书房

U 形开放式书房

为了在原格局基础上增加一个书房，楼梯由逆时针改为顺时针，L 形改为短 U 形，终于打造出一个 U 形开放式书房。6.5m 的台面能让一家人同时使用，侧面的玻璃吊柜用来收纳书籍，下方的白色矮柜则用来存放孩子的学习物品。

107

主卧

主卧空间做了极简的样式，睡觉的地方越简单使身心越放松。木质的床板和阳台的绿植充满了自然感，提升了卧室的舒适度。

主卧和阳台没有做任何隔断，阳台空间并入室内显得更加通透宽敞。阳台用摇椅、落地灯和边几打造了舒适的读书角，在此看书或者看风景可以让人彻底放松下来。

儿童房

儿童房目前只做了可移动的软装设计，灵活自由的空间能让孩子更好成长，也方便未来和主卧对调空间。靠墙的一边放置了一排矮柜收纳孩子的玩具，使孩子拿取玩具更加方便。

衣帽间

卫生间

108

卫生间变身衣帽间

衣帽间是由原来二层的儿童房旁边的卫生间改造成的，儿童房空间被压缩扩充了衣帽间面积，即使如此衣帽间面积依然比较小，衣帽柜做门会占用空间，使用米白色涤纶浴帘可以解决落灰的问题。

109

淋浴区的折叠坐凳

一楼卫生间主要给老人使用，里面有很多人性化的设计，比如淋浴区旁边的折叠坐凳可以方便老人坐着洗澡，以提高安全性。

十四、木色百叶窗 + 原木家具，日式美学中的朴素与禅意

花草的味道隐隐传来，

茶香四溢，

此心安处是吾家。

户型： 4室2厅1厨2卫
面积： 130m²
风格： 日式风格
设计： 大可筑作

设计说明： 有见解、喜欢收藏鞋子的他，以及上得厅堂下得厨房的她，他们对自己的新家有着非常清晰的规划，不喜奢华，无须繁杂，于是日式风格的沉静朴素成为他们的最爱。因为4室2厅的房子空间非常方正，所以他们并没有大刀阔斧改变格局，而是根据自身需求将阳台进出门的方向做了调整，提高空间利用率。对厨房墙面也进行了改造，将厨房高柜延伸到了餐厅，"餐厨"空间融为一体，让储物变得更加合理。阳台是家中美丽的地方，花草的味道隐隐传来，茶香四溢，此心安处是吾家。

原始结构图

平面设计图

客厅

客厅整体色彩沉静，造型简洁，朴素自然，将日式风格的特点发挥得淋漓尽致，日式室内设计多偏重原木色，竹、藤、麻更是其中的表现形式。

亚麻地毯平衡空间

客厅特意选择了原色亚麻地毯，不仅让灰色地板和沙发做了视觉上的分割，更是让艺术的美感达到平衡。

姜黄色沙发让空间更立体

米白色的背景非常素雅，没有吊顶的家却丝毫不显空洞，姜黄色的单人沙发点亮了整个空间，立体感也更加凸显，客厅的材料十分环保，搭配上绿色大叶植物，人与自然的和谐弥漫开来。

110

客厅的挂画简洁高雅，和室内整体风格达到很好的统一。

111

112

轻便实用的小边几

移动的小型边几实用又美观，细脚茶几也让空间更加通透，软装的搭配风格很好地融合到一起，轻便的家具也让空间有更多可能性。

餐厨

餐厅区域将日式传统美学的魅力展现得非常到位，餐桌、餐椅都是选用最天然朴实的材料，深浅不一的原木色家具和餐具、橱柜等搭配在一起质朴、和谐又彼此独立。

白色的橱柜好像隐匿在这片空间中，既美观又具有很强的收纳能力。

113

中西合璧的厨房

餐厅与厨房的开放式连接让空间更加通透，也让储物柜向餐厅做了延伸，大容量的储物空间让厨房在收纳方面游刃有余。中西合璧式的开放厨房，装置齐全的厨房电器，让这里更像是一个精致的小餐厅，生活的烟火气和仪式感都在此处尽显。

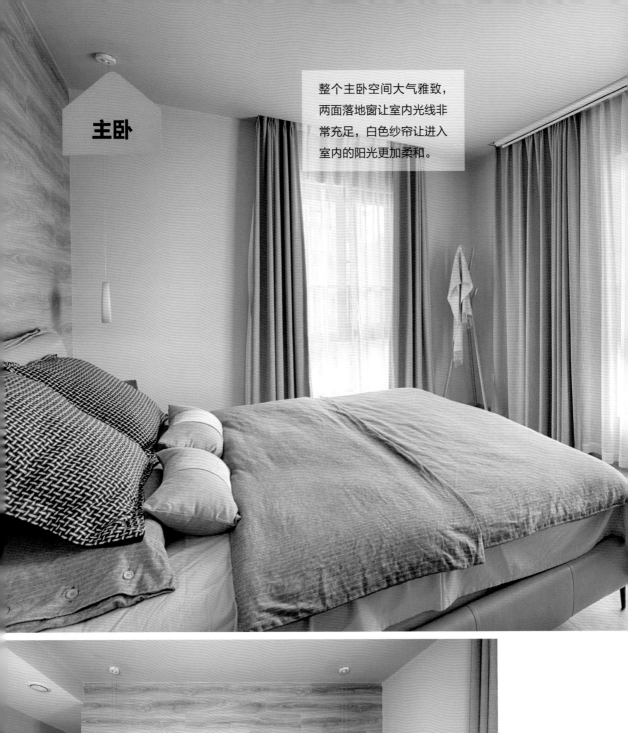

主卧

整个主卧空间大气雅致，两面落地窗让室内光线非常充足，白色纱帘让进入室内的阳光更加柔和。

床头柜等其他家具都用了深一点的颜色，视觉上色彩层次更加丰富，斗柜可以分类放置物品，非常实用，精致的化妆台让女主人的每一天都会有一个美好的开始。

114

○ **和地板一体的背景墙**

背景墙是主卧比较有特色的地方，原木色的背景墙和地板浑然一体，搭配浅灰色调的墙面和床品。

儿童房

儿童房用了很多动物头像作为
挂饰，非常具有童趣。因为孩
子现在还小，榻榻米的安全性
更高一些，同时也非常符合日
式风格特点。

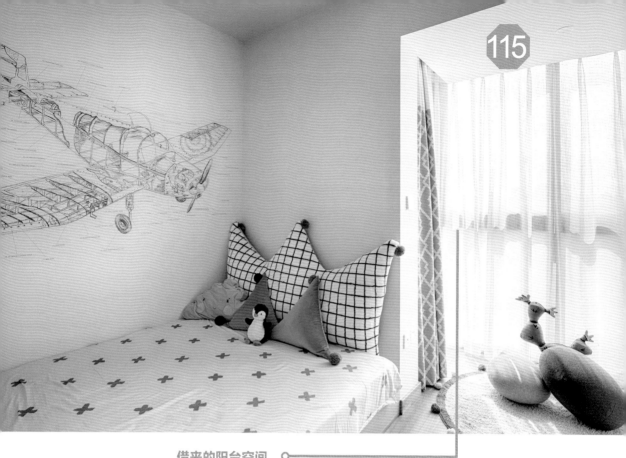

借来的阳台空间

儿童房这个空间的阳台是向客厅阳台"借"来的，改变格局后，可以作为孩子读书写字的区域。

116

游戏房

功能灵活的游戏房

因为户型是4室，所以其中一间屋子便被设计成游戏房，可以让孩子在里面尽情玩耍，还可以增加亲子互动。这个房间装饰简单温馨，未来还可以根据不同需求变更区域功能，例如客房之类的。

书房

书房的空间包含了3个功能区域，其中书桌区域的背景墙使用软木材质并挂上了世界地图，以后还可以放置更多有意义的东西，如相片、挂饰等等，一面墙可以承载整个家庭最美好的回忆。

117

木质百叶窗

阳台区域做成了三面围绕
落地玻璃窗的榻榻米。木
质的百叶窗使日式风格更
加明显，室外投射到屋内
的光经过木质百叶窗过滤
后变得非常温馨。

草编的坐席和白色的麻纱质朴自然,整个区域美而不妖,亲切自然。在这里喝茶畅聊,或者读书、发呆看风景,都是极为美好的事情。榻榻米的收纳功能也非常强大。

118

整面墙的透明鞋柜

书桌后面的整面墙的光源置物架摆满了男主人各种限量版球鞋。将自己的爱好融入家居设计中,会更有家的归属感。

阳台

卫生间

一面阳台两种功能

客厅阳台虽然让给了儿童房一部分空间，另一部分做了封闭的内阳台，但是丝毫没有影响对空间的使用。阳台的一边是男主人喜欢的茶座，另一边是女主人喜欢的花草，窗外的风景更是美不胜收。

柔粉色小砖装饰的卫生间

用柔粉色装饰自己的家几乎是每个女人的梦想，无关年龄，粉色永远最能唤醒女生的少女心。这个卫生间除了美观之外，实用性也非常强，原木色的垂直置物架可以收纳各种洗漱用品，不同的格子可以满足不同种类的物品摆放。

十五、北欧与日式的邂逅，让 120m² 的家温情又雅致

他家纵有千般好，不如自家一扇窗。

设计说明：

爱好艺术的人对家里的装修布局会更加重视，喜好绘画和陶艺的男主人希望家里能有自己的工作室，能有很大的落地窗，能有宽敞舒适的空间，回到家就能让自己彻底放松，经过全面设计过后，120m² 的家融合了北欧和日式两种风格，既有传统的雅致，又有简约时尚的元素，温情满满，实现了"他家纵有千般好，不如自家一扇窗"的归属感。这是一个比较方正的户型，可塑性非常强，厨房和生活阳台的隔墙被打掉，进行了空间延伸，主卧规划出了独立的衣帽间和书房，满足了男主人对家的期许。

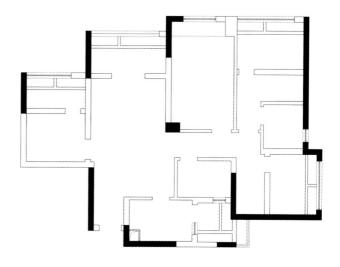

原始结构图

户型： 4 室 2 厅 2 卫
面积： 120m²
风格： 北欧、日式混搭
设计： 境壹空间

平面设计图

客厅

121

北欧 + 日式风格的融合

经典的木色搭配白色，让整个空间非常温馨，因为北欧和日式对家居材质的要求都是自然感较强，所以原木成了最佳选择。草编的席子，米色的摇椅，沙发背景墙的挂画都具有浓浓的日式元素，而时尚简约的吊灯，轻盈的细腿茶几则是北欧风的代表，当日式与北欧邂逅，一个温情满满的家就出现了。

122

木质多格装饰置物架

沙发背景墙两组用木头打造的小格子置物架放满了男主人自制的陶艺品,非常有收藏的价值,作为装饰品还增加了客厅的艺术感。

木板上墙打造电视墙

为了保证空间的简约和质感，电视背景墙直接用木地板打造，自然的纹理雅致不俗，低矮的橡木电视柜保证了空间的通透，白色搭配木色的空间更加富有禅意。

123

124

茶室

隐形阳台变身文艺茶室

在客厅沙发的右侧有一扇很大的"木质格子窗",非常像为了装饰而做的背景,实际上这是为茶室打造的推拉门。原格局中阳台的空间被打造成比较纯粹的日式空间,安静纯粹。

149

餐厅

餐厅位于入门玄关处的右侧，和客厅连为一体，长凳＋餐椅的组合更加灵活，简约的黑色圆锥形吊灯稳重大方，搭配原木色餐桌个性十足，墙上的挂画是男主人自己绘制的工笔画，为这个家中留下了独有的印记。

厨房

干净整洁的厨房延续了客厅与餐厅的风格，几乎没有任何多余的装饰，小小的空间还放置了一台双开门冰箱，合理利用家中的角落，提升空间的功能性。

主卧套间

整个卧室以白、灰色系为主，舒适的床品，整面窗户的采光，曼妙的白纱帘，轻柔的色调营造出轻松慵懒的氛围。床铺另一端是与卫生间隔离的磨砂格子窗，既能为主卧卫生间增加采光，又具有装饰感。

125

○ **巧妙增加书桌面积**

书房的空间本来不足以放置面积比较大的书桌，但是经常绘画的男主人对此有需求，于是大书桌其中一边的"桌腿"被锯后放到了飘窗的台面上，巧妙地做了书桌的延伸。

152

126

用书架隔离空间

原始格局很多零碎的小空间被打通后，主
卧多出了一个衣帽间和一间书房。一个木
制书架为卧室和书房的空间做了隔离，书
架像一扇镂空屏风，既有装饰感又能储藏
大量书籍。

儿童房做成了榻榻米 + 衣柜的形式，白色搭配木色适合任何年龄段的孩子居住，未来随便搭配任何色彩的装饰品都不会显得格格不入，书桌上方的隔板可以放置书籍或者装饰品。

卫生间

127

马桶置物架

因为卫生间面积较小，所以需要巧妙地利用空间来增加储物。马桶后方的空间是设计师容易忽略的，一个轻薄的马桶置物架可以放置很多卫浴用品，但是却不会影响使用者在卫生间的任何活动。